無敵偵探狗 3

菲菲失蹤案

路易絲・迪克森
阿德里安娜・梅森 著
派特・庫普勒斯 圖

新雅文化事業有限公司
www.sunya.com.hk

無敵偵探檔案

姓名：科南

性別：男

職業：偵探

性格：聰明機智、遇事鎮定。

強項：善於製作各種偵探工具。

理想：保護汪汪城的每個成員，偵破所有疑難案件！

興趣和愛好：鑽研百科知識，應用到案件偵探中。

姓名：露露

性別：女

職業：偵探

性格：不怕困難、膽大心細。

強項：精通多種密碼，善於從案發現場尋找蛛絲馬跡。

理想：幫助所有偵探迷成為無敵偵探！

興趣和愛好：學習偵探知識和技能。

案件提示

小偵探朋友，歡迎你成為無敵偵探隊成員！現在我們要馬上一起到犯罪現場進行搜查。為了讓你能清楚地掌握有關案件中的線索，請你認真閱讀以下的提示：

1. 在這個案件中，你將會學到如何破解各種奇特的密碼，包括：圖書密碼、音樂密碼、填字密碼、麪條密碼、拼圖密碼、摩斯密碼等。本書還會教你學習拆解各種傳遞秘密信息的手法，以及製作隱形信件等等。

2. 你和我們一起破案時，將會遇到很多職業偵探才能解決的問題。你要做的事情就是跟着我們，一起認真<u>學習偵探知識與技能</u>。

3. 在破案的過程中，你要仔細觀察現場留下的蛛絲馬跡，<u>隨時做好記錄，並進行邏輯推理。</u>

4. 在偵破每個案件後，請你翻到第48和88頁的「記錄表」，如實記錄自己的調查情況。

無敵偵探登記卡

各位小偵探，現在我們正碰到很棘手的案件，非常需要你的幫忙，請你填好下面的登記卡，加入到無敵偵探隊來吧！

介紹一下你自己吧！

姓名：

性別：

年齡：

性格：

強項：

理想：

興趣和愛好：

目錄

菲菲失蹤案

鬥智水族館

反向密碼

「喂！科南。」

正在公園裏散步的科南猛地停住腳步，四周張望。「真奇怪，我好像聽見灌木叢有聲音在叫喚我。」

「是我在叫你。」灌木叢中傳來了聲音。

科南朝灌木叢裏張望，原來是自己的好朋友露露。

「我不想讓我那討厭的妹妹找到我。」露露解釋說。她四下

小偵探學堂

破解反向密碼

1. 露露的字條是用反向密碼寫的。要破解它，只要把每個詞裏的字倒着唸就行，如「**蹤跟**」就是「**跟蹤**」。
2. 小偵探們，現在你能破解露露寫給科南的字條嗎？（答案見第46頁。）

看了看，然後飛快地將一個粉紅色的氣球遞給科南。還沒等科南開口，露露就跑遠了。

科南知道該怎麼做，在過去好幾個星期，他和露露已經學會了一些密碼偵破技能了。於是，他從頸圈上摘下偵探狗公司的別針，扎破氣球。氣球裏，隨即有一張字條飄出來。

菲菲在蹤跟們我。
點 4 在屋樹面碰。

3. 寫反向密碼時，你可以隨意加逗號、句號等標點，讓密碼更難破解。例如：**菲菲在蹤，跟們。我點 4。在屋樹面碰**。
4. 你還可以把整個句子顛倒過來。例如：**面碰屋樹在點 4 們我蹤跟在菲菲**。

圖書密碼

4 點，科南到樹屋與露露見面。沒想到，菲菲還是跟來了。

「給我讀讀這個故事吧！」菲菲纏着姊姊露露。

「對不起，菲菲。」露露說，「這本書的內容太恐怖了，不適合你。你聽了會做噩夢的。」

「給我講故事吧！」菲菲哼哼唧唧地跟姊姊撒嬌。她撲到書上，忽然，從書本裏掉出了一張字條，上面寫着：

27-2-9 27-3-9 27-9-9 26-6-3
26-6-4 26-6-5 27-7-11 27-7-12
26-3-6 27-9-7 26-3-11 26-3-12

「咦，這是什麼？」

科南一把搶過字條，說：「沒什麼。」然後，他朝露露眨了眨眼睛。

「是數學作業。」露露會意地說道。

小偵探學堂

破解圖書密碼

1. 這「數學作業」其實是用圖書密碼編寫的密碼信。要利用圖書密碼傳遞信息，你和同伴需要每人手上有一本相同的圖書，關鍵是書裏的所有文字位置必須完全相同。
2. 寫密碼時，先在書中找出你要寫的字在該圖書中的哪一頁。比如說「一」這個字在第 26 頁第 1 行第 5 個（參見下圖），那麼這個字的密碼就是：26-1-5。（標點符號不計算在內。）
3. 這種就是利用圖書，以頁碼、行數及字在行中的序數代替文字傳遞秘密信息的方法。小偵探們，你能讀懂科南手上的密碼字條嗎？（答案見第 46 頁。）

深深吸了一口氣，悄悄溜進神秘的老宅。「那封信到底是什麼意思？難道老宅裏藏着什麼秘密？」傑克不安地想，「不過，也許我應該回家去。我還得遛狗，而且快要吃晚飯了。」

這時，他聽到樓上傳來一陣奇怪的聲音。那是什麼聲音？他的心狂跳起來。「是狗喘氣的聲音！我不進去了。」他轉身跑掉了……

26

傑克衝進自己家，心仍然怦怦直跳。他打開電話留言，第一條留言是他媽媽留下的：「寶貝，幫我遛遛小狗好嗎？」沒問題，只要能讓他忘掉那可怕的感覺，幹什麼都行。他抓起狗頸圈和棒球帽，又拿了一塊巧克力餅乾，這樣晚飯前還能墊墊肚子。

「如果那老宅裏有誰來跟蹤我，我該怎麼辦呢？」

27

數字密碼

晚上，大家到了中國餐館用餐，科南放下筷子，舔了舔嘴唇，說：「我喜歡中國菜。甜品是什麼？」

露露遞給他一盤幸運餅乾，說：「吃塊幸運餅乾吧，它好吃得讓你驚訝。」她故意加強語氣強調了「驚訝」兩個字。

科南掰開餅乾，看見有一張字條，上面是這樣寫的：

19-20-21-3-11 2-1-2-25 19-9-20-20-9-14-7 13-25 19-9-19-20-5-18
20-15-13-15-18-18-15-23 3-1-14 25-15-21 8-5-12-16?

菲菲也拿到了一塊密碼餅乾：

4-1-14-7-5-18 23-9-12-12 3-15-13-5 20-15 20-8-15-19-5
23-8-15 6-15-12-12-15-23 2-9-7 19-9-19-20-5-18

小偵探學堂

破解數字密碼

幸運餅乾是一種美式中餐食品，餅乾裏面藏有一些字條。科南得到的字條是用數字密碼寫成的。這種密碼是用數字代替英文字母，如「A」用「1」代替，「B」用「2」代替，如此類推。英文字母與數字對應如下：

A	B	C	D	E	F	G	H	I	J	K	L	M	N
1	2	3	4	5	6	7	8	9	10	11	12	13	14

O	P	Q	R	S	T	U	V	W	X	Y	Z
15	16	17	18	19	20	21	22	23	24	25	26

1. 寫數字密碼時，每個英文字母之間用短線連接，每個字之間留空一格，例如：「CHINESE FOOD（中國菜）」就寫成：3-8-9-14-5-19-5 6-15-15-4。
2. 小偵探們，你能讀懂科南和菲菲的密碼字條嗎？（答案見第 46 頁）
3. 要讓密碼更難破解，你可以把數字和對應的英文字母錯開一個，如「A」用「2」代替，「B」用「3」代替，如此類推，又或者錯開幾個，只要收字條的人知道解碼的方法，就能讀懂你的信息了。

音樂密碼

第二天一大早，露露就聽見有人敲門。她打開門，只見門口放着一個低音號。接着，科南從樂器後面探出頭來。

「臨時保姆報到！」科南敬了一個禮說，「我希望菲菲還沒起牀，因為我有一首起牀樂曲，肯定適合她。」

小偵探學堂

破解音樂密碼

我們也可以利用音樂來傳遞英文信息，以音符代表一個英文字母。

1. 小偵探們，你能讀懂科南給露露的密碼信息嗎？（答案見第46頁。）

科南遞給露露一張樂譜，然後賣力地演奏起來。這樂曲聽起來好像兩隻大象在打架。露露看着手中的樂譜，臉上漸漸露出微笑。原來，樂譜裏藏着密碼信息。

2. 你可以事先利用五線譜來寫下各音符所代表的英文字母，讓接收信息的對方明白解碼的規則。然後，用音符譜出你的密碼信。

洞洞密碼

當大家在吃早餐時，科南正在用別針往報紙上扎洞。

「這報紙我媽媽還沒看就被你毀了。」菲菲不高興地說。

科南抬起頭來，衝菲菲笑了笑，然後把報紙遞給露露。

菲菲連忙撲上去搶報紙，她知道，上面一定有密碼信息。可是，露露的動作比她快多了。露露拿過報紙，舉起來對着燈光看到了科南的密碼信息。

這就是露露看到的：

綁匪肆虐汪汪城

昨天，有兩隻小獵犬在汪汪公園被貌似清理垃圾的清潔工人領走。

「看上去像是一宗綁架案。」多博曼警探對記者說。

在過去幾周裏，有一夥綁匪在附近城鎮裏接連作案。綁匪偷走小狗，通過字條勒索贖金。他們通常索要高額現金。

為了保護汪汪城的居民免遭綁架，「所有公共場所都有 24 小時巡邏。不過，綁匪還未抓獲，警方提醒各位居民注意不要讓在戶外遊戲的小狗離開大人的視線範圍。」多博曼警探說。

小偵探學堂

破解洞洞密碼

綁匪肆虐
昨天，有兩隻小獵犬在汪汪公園被貌似填理垃圾的清潔工人領走。
「看上去像是一宗綁架案。」多博曼警探對記者說。
在過去幾周裏，有一伙綁匪在附近城鎮裏接連作案。綁匪偷走

科南在報紙上札洞是為了留下秘密信息。要破解密碼，就要找洞洞下面的字逐一記下來，收集文字把它們組識成為有意思的句子。

1. 小偵探們，你能讀懂科南給露露的密碼信息嗎？（答案見第 46 頁。）
2. 要傳遞洞洞密碼，只要在報紙上你需要的每個字上方扎一個洞。
3. 這種密碼最適合用來留下簡短的信息。讀密碼信息時，把報紙對着光源，會看得比較清楚。

填字密碼

菲菲還是看不懂科南的洞洞密碼信息，露露卻全看懂了。她悄悄把報紙翻到填字遊戲那一版。填字遊戲已經填好了，然而所填上的並不是正確答案。

科南的密碼信息就藏在這個填字遊戲裏。他知道，沒人會留意已經填好的填字遊戲——除非是訓練有素的偵探。

	1拉	車	2沒	着	有	3人		4非				
8一	三		菲			花		5小	跑	6水	電	7步
	9不	要	讓	山	山	她	去	來		累		倒
	10同		到			也				放		
	11筋	婚	社	12疲				13世	巨	力	走	
	走			盡		14知		和		完		
				15一	樣	寫	字	無	重	複		

小偵探學堂

破解填字密碼

這次科南利用了填字密碼。從填字遊戲的左上角開始橫向閱讀，在每隔兩格寫下一個字（當然，你也可以跳三格或四格）剩下的格子可以隨意填寫文字。由於沒有標點，所以要自己理解斷句。

1. 你可以用報紙或雜誌上任何一個空白的縱橫填字遊戲。
2. 從左上角第一個空白處寫起，把密碼信息寫在空格裏。最後一個字可以用「完」字結束，餘下的空格可以隨意填字。
3. 小偵探們，你能讀懂第 20 頁上科南寫給露露的密碼信息嗎？（答案見第 46 頁。）

格子密碼

科南和露露拉着菲菲跑步，想讓她累到筋疲力盡，這本是一個好主意。沒想到菲菲跑進泥潭裏去了，露露只好帶她回家。這時，她正在哼着歌洗澡呢。露露和科南擔心她不會好好洗澡，只好在滿是蒸汽的浴室裏陪着她。

小偵探學堂

破解格子密碼

	1	2	3	4	5
1	a	b	c	d	e
2	f	g	h	i	j
3	k	l	m	n	o
4	p	q	r	s	t
5	u	v	w	x	y/z

科南利用了格子密碼留下英文信息。小偵探們，你可以用左面的表格來破解。

1. 每個英文字母用一個兩位數表示。十位數字是與英文字母直行對應的數，個位數字則是與英文字母

突然，花灑噴出一股水柱，把露露和科南澆成了「落湯雞」。不用說，這一定是菲菲故意在搗蛋。

就在這時，科南注意到鏡子上蒙着霧氣，他靈機一動，趁着菲菲正起勁地唱着歌，科南飛快地在鏡子上寫下了一串密碼：

11 21-42-22 23-15-43-31-32 44-32-53-15-23-41
14-15-54 32-51-34 54-53 44-23-51-51-14.

橫行對應的數。例如：英文字母「h」在第 3 直行第 2 橫行，所以，它的密碼就是 32。

2. 每個英文字母之間加短線連接，每個字之間空一格。例如：「hot dog」的密碼就是：32-53-54　41-53-22
3. 小偵探們，你能讀懂科南在鏡子上寫的格子密碼嗎？（答案見第 46 頁。）

麵條密碼

菲菲洗了一個熱水澡，感覺舒服極了。這時，她正在廚房裏，把番茄醬灑滿一地。

「菲——菲！」露露大喝一聲，「你又在搗蛋。」

「不是搗蛋，是在烹調番茄醬。」

露露轉轉眼珠，拿出幾根意大利乾麪條掰成小段。只見她兩手不停，不知在幹什麼。等她忙完了，科南一看，露露把麪條擺成了下面的樣子：

小偵探學堂

破解麪條密碼

1. 露露用意大利乾麪條寫下一道英文信息。小偵探們，你也可以試試用鉛筆在紙上寫。這種密碼是由簡單的線條構成的，它們與英文字母對應如下：

A B C D E F G H I J K L M N O P Q R S T U V W X Y/Z

2. 小偵探們，你能讀懂露露給科南的密碼信息嗎？（答案見第 47 頁。）

電話密碼

科南翻了翻電話旁的小簿子，發現紙上寫了一個電話號碼，它下面有些塗鴉。科南知道，它表面上是胡亂塗的畫，其實是一封密碼信。

6338 46 7433

就在他正要破解密碼時，菲菲忽然從門後探出頭來，說：「我累了，我要去睡覺。」

他們終於能擺脫菲菲一會兒了。

「太好了，做個好夢吧。」科南說完，轉身破解密碼信息。

小偵探學堂

破解電話密碼

1. 科南發現了用電話密碼留下的英文信息。這種密碼利用電話上的號碼鍵代表各英文字母，大多藏在電話旁的記事簿或電話號碼簿裏，讓別人不易察覺。

1	ABC 2	DEF 3
GHI 4	JKL 5	MNO 6
PQRS 7	TUV 8	WXYZ 9
*	0	#

2. 每個號碼（除了 1 和 0）上方都有 3 或 4 個英文字母。例如：2 上方的英文字母是 A、B、C。要區分這三個英文字母，可以加一個特別的記號：

A = 2 (＼)　B = 2 (｜)　C = 2 (／)

3. 所有英文字母用電話密碼表示就是這樣：

ABC	DEF	GHI	JKL	MNO	PQRS	TUV	WXYZ
＼｜／	＼｜／	＼｜／	＼｜／	＼｜／	＼｜‖／	＼｜／	＼｜‖／
222	333	444	555	666	7777	888	9999

4. 小偵探們，你能讀懂露露留給科南的密碼信息嗎？

（答案見第 47 頁。）

捲筒密碼

露露正在小屋裏等待着科南，科南很快就來到了。

「她睡啦，菲菲終於睡覺啦！」科南嚷着，跳過一張長凳。

「噓！」露露把手放在嘴唇上，不放心地向四周張望。

「可是她已經……」露露一把捂住科南的嘴巴，不讓他說下去。

露露示意科南別作聲，然後遞給他一張長長的字條。

科南馬上知道該怎麼做了。他抓起身邊的拖把，開始破解上面的密碼。

小偵探學堂

破解捲筒密碼

這次露露利用了捲筒密碼，把密碼隱藏在物件上。

1. 首先，剪下幾張紙條，把它們連接起來，變成長長的紙條。

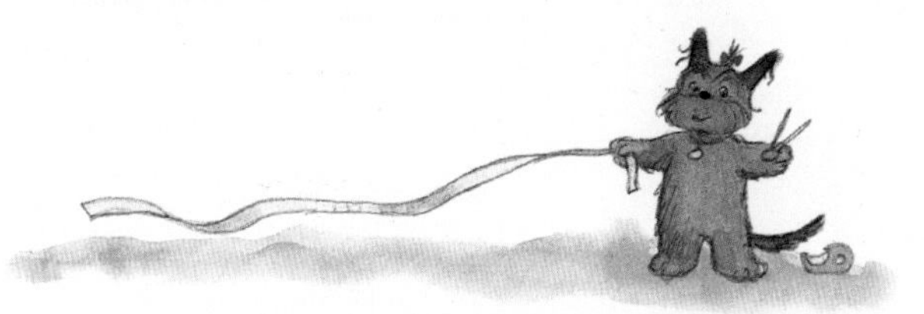

2. 把長紙條一圈一圈捲在圓柱形物體上。你可以像科南那樣用拖把柄，只要是圓柱體就行。捲紙時，把後一圈的紙邊稍壓在前一圈上。用膠紙把紙條兩端固定。

3. 在捲好的紙上橫向寫字，如圖所示。小心地取下紙條，然後把它傳遞給你的拍檔。

4. 你的拍檔在破解密碼時，只要把紙條纏在同一個或尺寸相似的圓柱體上就可以看到信息了。

樹形密碼

菲菲去哪兒了？露露和科南焦急地到處找她。她沒有在房間裏睡覺，也沒在廚房裏搗蛋，她沒在看電視，當然也沒有跟着他倆。

「她是不是在樹屋裏？」科南說。

他們爬上樹屋，可是連菲菲的影子都沒看見，只看見牆上釘

小偵探學堂

破解樹形密碼

偵探狗發現了一幅樹形密碼信息。你也可以用第 22 頁的表格來製作樹形密碼，代表各英文字母。

1. 把格子裏的每個數字都畫成樹上的枝條。例如：英文字母 h 在第 3 直行第 2 橫行。要畫它的樹形圖，先畫樹幹「|」，然後在樹幹左邊畫三條樹枝 ⺘，右邊畫兩條樹枝，如此類

着一幅地圖。

「露露，這是什麼地圖？」

露露湊近仔細看了看，說：「我看這不是地圖，而是一封密碼信。如果不是你畫的，」科南搖搖頭，「也不是我畫的，那是誰畫的？」

「不管是誰，這犯人肯定知道我們的樹形密碼。」

推。「bone」這個字就寫成 。

2. 寫樹形密碼時，要在每個英文字之間留空格。
3. 最後，你可以畫上湖泊、山、道路、房屋等景物進行掩飾，使密碼信息看起來就像一幅地圖。你還可以在這張地圖上刷些茶水，輕輕揉幾下，讓它顯得又黃又舊。
4. 小偵探們，你能讀懂地圖上的樹形密碼嗎？（答案見第47頁。）

賓果遊戲密碼

露露和科南驚呆了。居然還有人悉破他們的密碼！而菲菲也不見了。這時，從窗口飛進來一架紙飛機，落在樹屋的地板上。

露露撿起來，正要從窗口扔出去，突然注意到紙飛機上有一些奇怪的圖形：

小偵探學堂

破解賓果遊戲密碼

1. 紙飛機上的信息，是利用了賓果遊戲密碼來編寫的。下面是賓果遊戲密碼中代表英文字母的圖形：

A	B	C
D	E	F
G	H	I

N	O	P
Q	R	S
T	U	V

2. 根據上圖，賓果遊戲密碼與英文字母對應如下：

A B C D E F G H I J K L M N O P Q R S

T U V W X Y Z

3. 小偵探們，你能讀懂露露和科南收到的密碼信息嗎？

（答案見第 47 頁。）

轉盤密碼

露露和科南不愧是鼻子靈敏的超級偵探。他們隨着菲菲的氣味來到街上的巴士站。

「哎呀，不好，她的氣味消失了。綁匪一定是把她帶上巴士逃走了。」露露懊惱地叫道。

科南沒有放棄，仍然使勁地嗅。他隨着氣味來到巴士站旁邊的一個垃圾桶前，只見垃圾桶邊掛着一張字條。他拉住字條往下拽，不料卻拉下一個轉盤。轉盤是由兩個圓形紙盤做成的，字條就貼在轉盤上：

「這是密碼轉盤！」露露叫道，「快，用它來破解字條上的密碼！說不定能找到有關菲菲的線索。」

小偵探學堂

破解轉盤密碼

這張密碼字條需要用密碼轉盤來破譯。你只要在右邊的轉盤上找出和各個符號對應的字母就可以讀懂它了。（答案見第 47 頁。）密碼轉盤是由兩個圓形紙盤疊起來組成的。小偵探們，你也可以動手製作一個密碼轉盤。

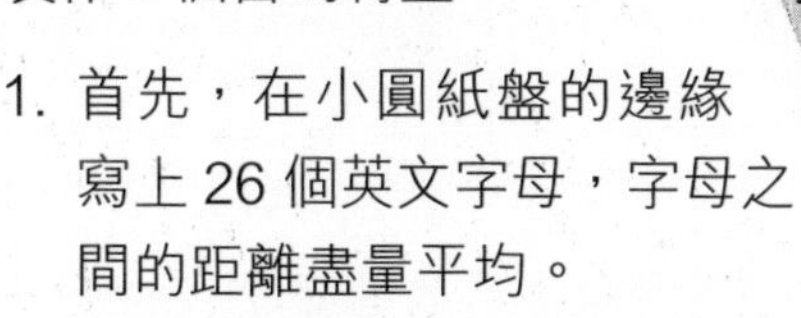

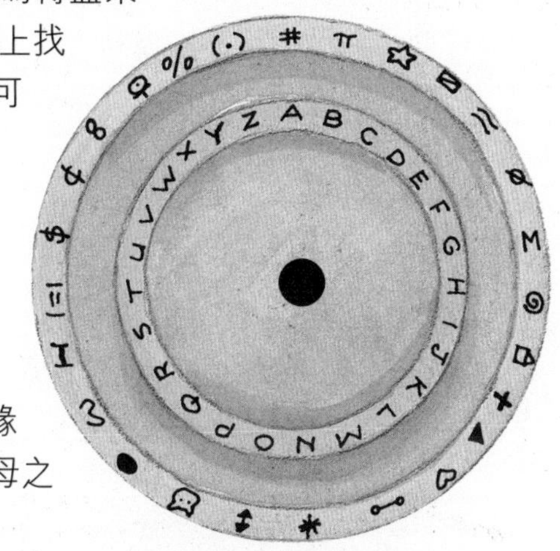

1. 首先，在小圓紙盤的邊緣寫上 26 個英文字母，字母之間的距離盡量平均。

2. 要使用密碼轉盤，你需要設定字母 A 對應的是哪個符號。

3. 把小圓紙盤放在大圓紙盤上，用大萬字夾把兩個紙盤別在一起。在大圓紙盤的邊緣畫上各種符號，使每個符號對正一個字母 。

4. 用鉛筆在每個紙盤中央捅一個小孔，用長腳釘把兩個紙盤釘在一起，取下萬字夾就完成了。

5. 最後，你的拍檔只需要知道哪個符號與字母 A 相對應，就能破譯你的密碼信息。

反面密碼

「菲菲是不是被賣給寵物店了？哎呀，科南，我們可能已經晚了一步！」

露露和科南伏在鬈毛狗寵物店的櫥窗上往內看。在寵物店裏，有很多可愛的貓咪，還有一隻鸚鵡，就是沒見到小狗。

他們正要走進寵物店，想要店主把菲菲交出來，突然……

「看！」科南叫道，他看到櫥窗的一角貼了一張尋狗啟事。

尋狗啟事上要找的就是菲菲！在啟事的最後，有一行奇怪的字，露露和科南很快從這行怪字中發現了線索。

小偵探學堂

破解反面密碼

偵探狗發現的尋狗啟事上用了反面密碼，你只要把鏡子對着字條，看鏡子裏面的字，就能讀懂了。（答案見第 47 頁。）

1. 用反面密碼寫密碼信，你可以試試把紙張放在前額上，在紙上面文字的筆畫應從左往右寫，就能寫出反面字。
2. 你可以利用鏡子幫助觀察文字，只要多進行練習就可以熟能生巧。

曲折密碼

露露和科南看到了提示之後，飛快地來到公園，開始在沙池裏找線索。

「我找到啦！」科南大叫着，舉起一個大信封。

「信封上寫什麼？」

科南唸起來：「拼拼快趕……」他唸不下去了，「一定是密碼。」

露露點點頭，「我看這是曲折密碼。」

小偵探學堂

破解曲折密碼

偵探狗發現的信隱藏了曲折密碼，那就是以巧妙的方式來解讀文字。你也可以試試利用曲折密碼來隱藏信息。曲折密碼的規則如下：

1. 在兩行裏上下寫字。在紙上寫第一個字，在第一個字下方寫第二個字，再回到第一行寫第三個字，如此類推。當然，曲折密碼是沒有標點符號的，所以你要自己斷句。
2. 小偵探們，你能讀懂露露和科南發現的密碼信嗎？（答案見第 47 頁。）

拼圖密碼

露露和科南仔細檢查了沙池裏找到的信封，發現裏面有一堆拼圖塊。在每一塊拼圖的背後，都寫了文字。

「這一定是下一個線索。」科南說着，拼起拼圖來。

露露看了看手錶，驚慌地說：「再過半小時媽媽就回家了。那時如果再找不到菲菲，我就要挨罵啦！」

小偵探學堂

破解拼圖密碼

小偵探們，你也可以試試利用一些紙皮包裝盒來製作拼圖密碼的。

1. 從紙盒上剪下一塊帶圖案的硬卡紙。
2. 在卡紙上有圖案的一面畫縱橫交錯的波浪線。你畫得越多，拼圖就越難拼。

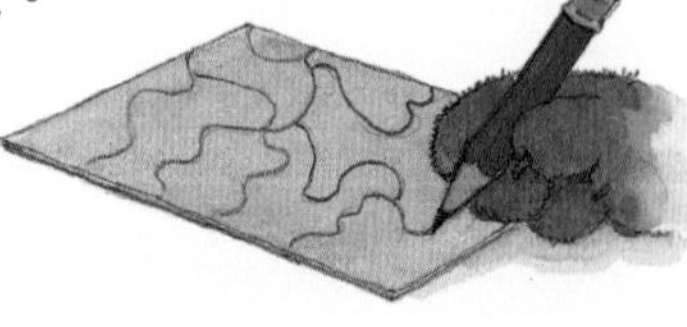

科南以最快的速度拼着拼圖。他拼好了最後幾塊後，發現那是一幅菲菲的畫像。這幅畫像畫得歪歪扭扭的，好像是菲菲自己畫的一樣。科南小心地把拼圖反轉過來，發現背面有文字線索。

3. 在卡紙上沒有圖案的一面寫信息。
4. 沿着波浪線把卡紙剪開。你的拍檔必須完成拼圖才能看到完整的信息。

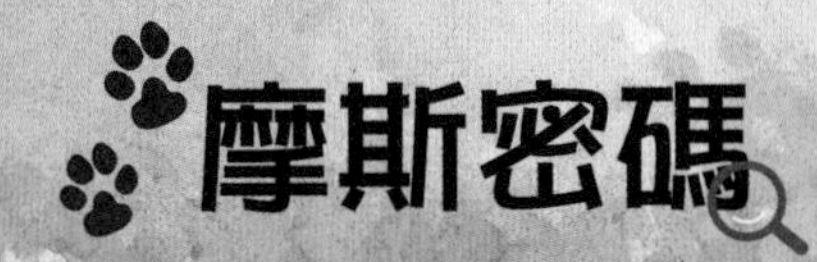

摩斯密碼

「喂，上面有人嗎？」科南高聲叫道，「你們的蛋糕送來了。我們的菲菲在哪兒？」

樹上並沒有回應。露露瞥見媽媽的車正朝這邊駛來，「求求你們，只要能把菲菲送回來，讓我做什麼都行。」

這時，從樹屋傳來一把低沉的聲音，好像挺熟悉的。

「你會陪菲菲玩，好好對她嗎？」

「什麼都行。」

「好吧，把蛋糕送上來，不准玩花樣。」露露和科南帶着蛋糕爬上梯子，進了樹屋。他們聽到書架背後傳來一聲竊笑，接着菲菲探出頭來。

「太好啦！你們被我牽着鼻子白跑了一大圈！」

「我們一早就知道是你了。」露露嘴裏這樣說，臉上卻閃過如釋重負的表情。

科南把蛋糕遞給菲菲，說：「現在輪到你了。蛋糕上有密碼信息，你能破解嗎？」

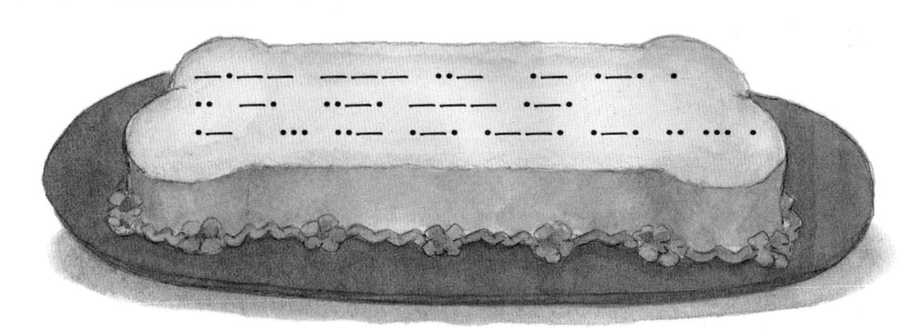

小偵探學堂

破解摩斯密碼

偵探狗們利用摩斯密碼在蛋糕上留下了密碼信息。摩斯密碼是由點和橫線組成的，密碼與英文字母對應如下：

A ·—	H ····	O ———	V ···—
B —···	I ··	P ·——·	W ·——
C —·—·	J ·———	Q ——·—	X —··—
D —··	K —·—	R ·—·	Y —·——
E ·	L ·—··	S ···	Z ——··
F ··—·	M ——	T —	
G ——·	N —·	U ··—	

1. 小偵探們，你能讀懂露露和科南的密碼信息嗎？（答案見第 47 頁。）
2. 你也可以用手電筒傳遞摩斯密碼。短閃光代表點，長閃光代表橫線。
3. 除了符號、光線，你還可以藉敲打出聲音來傳遞密碼。例如利用原子筆和桌子，用筆桿敲桌子代表點，劃桌子則代表橫線。

紅色密碼

菲菲高高興興地玩了一天，累壞了。她爬上牀，正要蜷起身子躺下，一眼看見枕頭上放着一張紙，上面亂七八糟地塗滿了紅線。她湊近細看，該不會又是一封密碼信吧？這時，露露和科南出現在她的房門口。露露遞給她一副眼鏡，眼鏡的鏡片是由紅色玻璃紙做的。「給你，試試這個。」

菲菲戴上眼鏡，再看那張紙。剛才看到的亂七八糟的紅線不見了，呈現在眼前的是四行藍色的字：

菲菲忍不住大叫起來：「好啊，太好啦！」她伸出濕乎乎的舌頭親熱地舔了一下露露，又舔了一下科南，然後才滿意地爬上了牀。

小偵探學堂

破解紅色密碼

露露和科南的密碼信是用紅色密碼寫的，方法如下：

1. 先用藍色顏色筆把密碼信息淺淺地寫在紙上。
2. 然後用紅色顏色筆輕輕在字上亂塗。
3. 要讓信息顯現出來，只要透過紅色玻璃紙看，就能看到藍色的字了。

答案

第 10 頁～11 頁

菲菲在跟蹤我們，4 點在樹屋碰面。

第 12 頁～13 頁

留下來吃晚飯，餅乾裏有秘密。

第 14 頁～15 頁

科南的字條：STUCK BABY-SITTING MY SISTER TOMORROW. CAN YOU HELP?
（明天要照顧我妹妹，能幫忙嗎？）
菲菲的字條：DANGER WILL COME TO THOSE WHO FOLLOW BIG SISTER.（跟着姊姊的人會有危險。）

第 16 頁～17 頁

NO TALKING TODAY. CODES ONLY.（今天不講話，只用密碼。）

第 18 頁～19 頁

填字遊戲。

第 20 頁～21 頁

拉着菲菲跑步，讓她累到筋疲力盡。

第 22 頁～23 頁

A big lunch should put her to sleep.
（午飯給她多吃點兒，她就會睏到睡着了。）

第 24 頁 ～ 25 頁

MESSAGE COMING BY PHONE.（信息在電話上找。）

第 26 頁 ～ 27 頁

MEET IN SHED.（小屋見。）

第 30 頁 ～ 31 頁

We have Sophie. Leave the police out of this or else.
（菲菲在我們手裏，不准報警。）

第 32 頁 ～ 33 頁

FOLLOW YOUR NOSE AND SOPHIE'S SCENT TO THE NEXT CLUE.
（搜尋菲菲的氣味，你便會得到下一個線索。）

第 34 頁 ～ 35 頁

LOOK IN THE WINDOW OF OODLES OF POODLES.
（看看鬈毛狗寵物店的櫥窗裏面。）

第 36 頁 ～ 37 頁

線索在公園的沙池裏找。

第 38 頁 ～ 39 頁

拼出拼圖，快拼，趕快，你就會發現綁架菲菲的是誰。

第 42 頁 ～ 43 頁

YOU ARE IN FOR A SURPRISE.（你會大吃一驚。）

密碼破解技能掌握情況記錄表

小偵探們，「菲菲失蹤案」已經成功偵破了，在這個案例中我們主要學習了各種奇特密碼的破解技能。你對書中提到的密碼破解技能掌握得怎樣呢？請對照下表，在對應的（　）裏加✓，給自己評評分吧。

密碼破解技能	你掌握這項技能的情況		
反向密碼	很糟糕（　）	一般（　）	非常好（　）
圖書密碼	很糟糕（　）	一般（　）	非常好（　）
數字密碼	很糟糕（　）	一般（　）	非常好（　）
音樂密碼	很糟糕（　）	一般（　）	非常好（　）
洞洞密碼	很糟糕（　）	一般（　）	非常好（　）
填字密碼	很糟糕（　）	一般（　）	非常好（　）
格子密碼	很糟糕（　）	一般（　）	非常好（　）
麪條密碼	很糟糕（　）	一般（　）	非常好（　）
電話密碼	很糟糕（　）	一般（　）	非常好（　）
捲筒密碼	很糟糕（　）	一般（　）	非常好（　）
樹形密碼	很糟糕（　）	一般（　）	非常好（　）
賓果遊戲密碼	很糟糕（　）	一般（　）	非常好（　）
轉盤密碼	很糟糕（　）	一般（　）	非常好（　）
反面密碼	很糟糕（　）	一般（　）	非常好（　）
曲折密碼	很糟糕（　）	一般（　）	非常好（　）
拼圖密碼	很糟糕（　）	一般（　）	非常好（　）
摩斯密碼	很糟糕（　）	一般（　）	非常好（　）
紅色密碼	很糟糕（　）	一般（　）	非常好（　）

無敵偵探狗 3

鬥智水族館

四不像的外國話

這天，偵探狗露露和科南在路上一邊走，一邊嬉鬧着。突然，他們發現迎面走來兩個怪傢伙。其中一個是隻渾身黝黑的貓，脖子上戴着一個藍寶石頸圈。他的身旁跟着一隻身材矮胖的小鬥牛犬，嘴裏咕咕噥噥地不知在說什麼。

科南示意露露不要出聲，他自己則豎起耳朵，仔細聽這兩個陌生的傢伙在說什麼。

「紅熱寶哈石熱、鑽熱石哈、珍熱珠哈。」只聽那隻黑貓粗聲粗氣地說道。

科南搖搖頭。那隻黑貓唸經似地說出來的一串詞語，聽起來好像挺熟悉的，可就是聽不懂。

露露悄聲說：「他們說的一定是外國話。」

「可能是一種密語。」科南想了一會，「我覺得他說的是熱哈密語。」

小偵探學堂

熱哈密語

熱哈密語其實很容易學。

你只要在每句話奇數的字後面加「熱」字，偶數的字後面加「哈」字就可以了。例如：「可能是一種密語」說成熱哈密語就是：「可熱能哈是熱一哈種熱密哈語熱」。

小偵探們，你學會了嗎？黑貓對鬥牛犬說的是什麼，你能猜出來嗎？（答案見第 86 頁。）

特別新聞報道

第二天早上，科南靠在沙發上，拿起遙控器，打開電視。

只見新聞報道員神色凝重地說：「現在暫停節目，插播一則新聞。奸詐狡猾、詭計多端、掌握多種密語的里安納度已經獲釋出獄。」

「露露，快來看！」科南喊道。露露連跑帶跳地衝進屋裏，正好看到電視上是一隻黑貓的特寫鏡頭。這隻黑貓的脖子上戴着一個藍寶石頸圈。「他不就是昨天我們遇見的那個傢伙嗎？!」露露叫了起來。新聞還在繼續播報，他們聚精會神地看着。

小偵探學堂

豬拉丁密語

科南說的是豬拉丁密語 (Pig Latin)。你也來試試吧！要學會這種密語，首先要掌握好漢語拼音。

1. 如果一個字的拼音是以聲母開頭，就把聲母挪到後面，加上「u」音。例如：「得」說出來是「e-du」，「幫」說出來就是「ang-bu」。

「雖然里安納度因盜竊罪已經入獄多年，但警方仍未找到他偷走的珠寶。警方認為，如果里安納度和以前的作案同夥剛普聯繫，就有希望查出珠寶的下落。警方表示會繼續嚴密監視里安納度。」

「他也許精通多種密語。」科南對露露說，「i-mu u-yü ui-du en-zhu an-tu e-yü en-hu ou-yü ong-yü 。」

「你在說什麼呀？」露露問。

2. 如果一個字的拼音是以聲母「j」、「q」、「x」和「y」開頭的，就把聲母挪到後面，加上「ü」音。例如：「就」說出來是「iu-jü」，「原」說出來就是「uan-yü」。
3. 如果一個字的拼音只有韻母，就在末尾加「wei」音。例如：「奧」說出來是「ao-wei」，「耳」說出來是「er-wei」。
4. 小偵探們，你知道科南對露露說了什麼嗎？（答案見第 86 頁。）

空白信

這時，電話鈴響起了。

「ei-wu，我是說，喂。這裏是偵探狗公司。」看，露露很會學以致用呀！

「我是多博曼。」電話裏傳來多博曼警探低沉的聲音，「我們在打掃關押里安納度的牢房時，發現在他的牀墊下面壓着一張很大的白紙。我希望你們能幫我看一看。」

不一會兒，多博曼警探就到了偵探狗公司。他帶來了那張白紙。

「如果紙上有什麼，我們很快就會知道。」露露說着，把紙浸入一桶冷水中。瞬間，就像變魔術似的，紙上出現了一幅圖。

小偵探學堂

隱形信件

小偵探們，你也來試試動手做隱形信件吧！

你需要：

- 2 張白紙
- 1 枝原子筆
- 水

步驟：

1. 把一張紙浸在水中，然後平放在堅硬的平面上，如桌面。

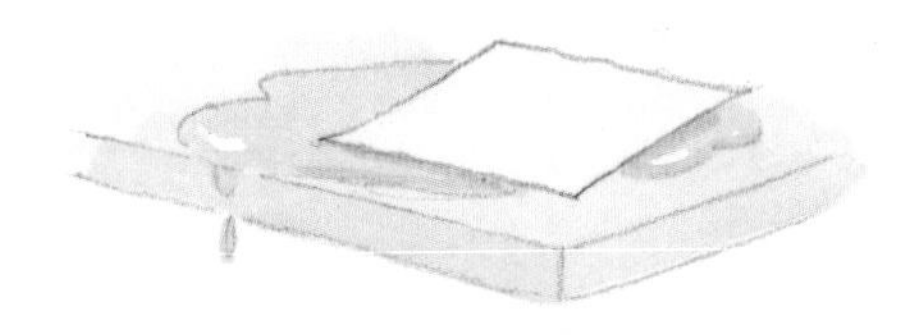

2. 把另一張未浸過水的紙蓋在濕紙上。

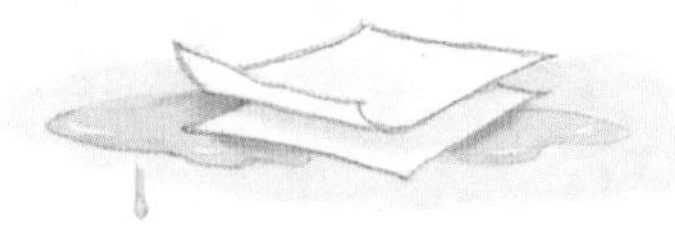

3. 用原子筆在未浸過水的紙上寫字。

4. 扔掉未浸過水的紙，把濕紙晾乾，字跡就消失了。要讓字跡再顯出來，只要用水把紙弄濕就行。

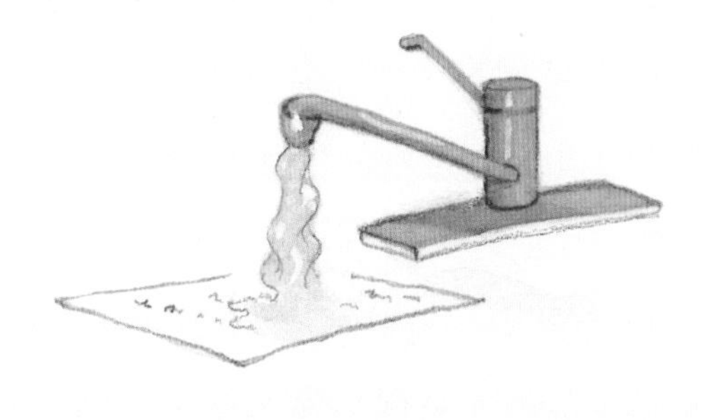

惡人之約

多博曼警探仔細地研究着紙上出現的圖，露露和科南圍在他身邊探頭觀看。這好像是一幅建築物的內部結構圖，上面還寫了一些古怪的詞。

「反向——」科南低聲說，「這是反向密語。」

他指着圖繼續說：「蠔生——就是生蠔！鯨白——就是白鯨！畫叉的位置就是目標地點！」科南非常興奮，「里安納度是計劃和同夥在水族館碰面，而且就在生蠔展區附近。」

「們我好最上馬動行。」露露又學會了一種新密語。

「你說得對，露露。」科南又轉過頭對多博曼警探說，「不如讓我和露露先去水族館探個究竟？」

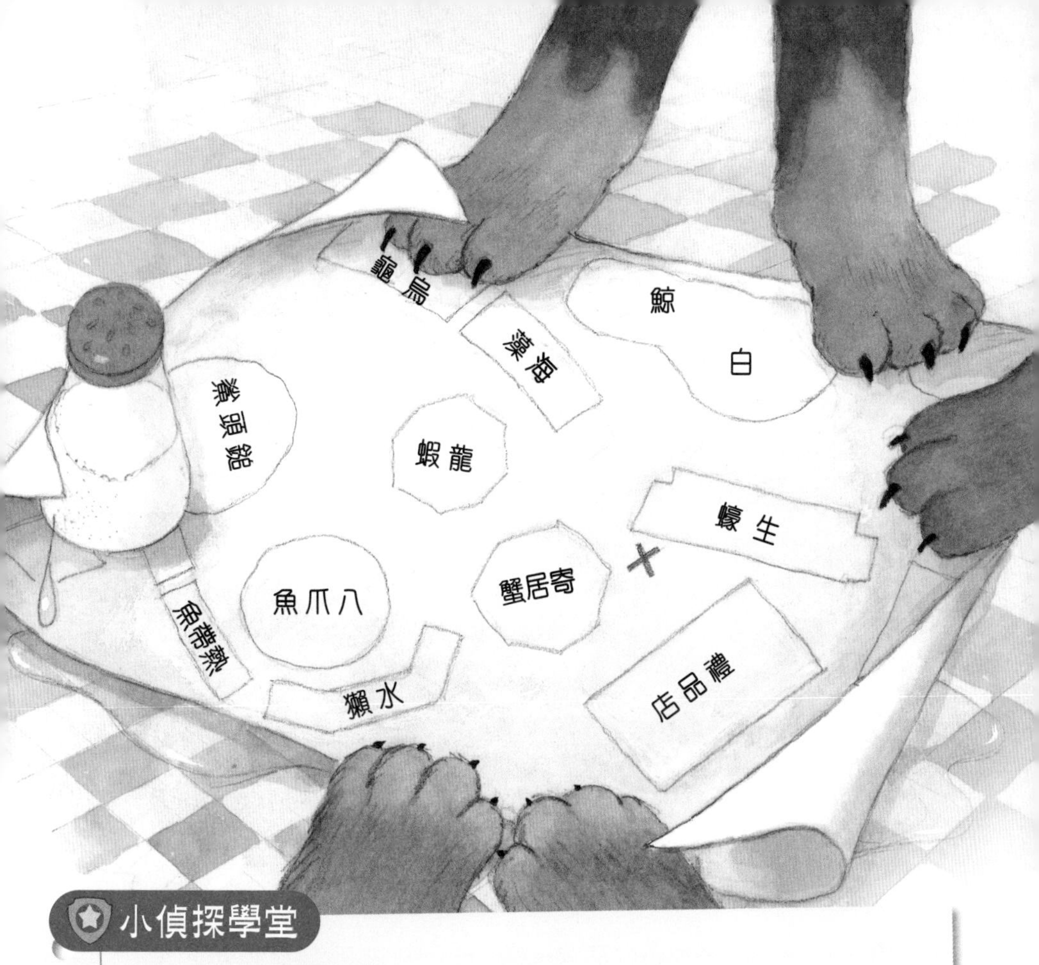

小偵探學堂

反向密語

要學反向密語，你就得前後顛倒着說話，規則如下：

1. 兩個字的詞語顛倒順序。例如：「烏龜」說出來就是「龜烏」，「小雞」就是「雞小」。
2. 碰到兩個字以上的詞語，就把第一個字和最後一個字互換位置。例如：「長頸鹿」變成「鹿頸長」。
3. 注意只顛倒詞語，例如：「我們的」，變成「們我的」就可以，不需要把「的」一起顛到。
4. 小偵探們，你知道露露剛才說的是什麼嗎？（答案見第 86 頁。）

偷聽電話

露露和科南正準備出門去水族館，突然聽見「咇咇咇」的聲音，原來是多博曼警探的傳呼機響了。

「我能借用一下電話嗎？」多博曼警探問道，「局長傳呼我，我得給他回覆電話。」

多博曼警探講了幾分鐘電話後，把話筒遞給科南，「我們偷聽到了里安納度的電話。有一段留言，局長想請你來聽聽。」

科南接過話筒，電話另一頭傳來里安納度粗聲粗氣的聲音，「見咔嗒面咔嗒時咔嗒間咔嗒是咔嗒兩咔嗒點咔嗒半咔嗒。地咔嗒點咔嗒在咔嗒濕咔嗒濕咔嗒的咔嗒動咔嗒物咔嗒園咔嗒。」

「如果我沒有把咔嗒密語弄錯的話，他是說要在水族館見面。」科南放下話筒說，「我們還有一個小時，可以趕到那裏。」

小偵探學堂

咔嗒密語

咔嗒密語非常簡單易學。

你只要在每個字後面加上「咔嗒」兩個字，例如：「電話」說出來就是「電咔嗒話咔嗒」。

小偵探們，你能猜出里安納度的留言是什麼意思嗎？（答案見第86頁。）

霧氣中的秘密

露露和科南打扮成遊客的樣子進了水族館。在巨大的魚缸裏，熱鬧非凡，五顏六色的魚兒歡快地游來游去，有神仙魚、狗鯊、斑馬魚。還有一隻長得黏糊糊、樣子鬼鬼祟祟的八爪魚，藏在一塊岩石後面。

忽然，露露瞥見一條毛茸茸的黑尾巴從魚缸的後面一閃而過。

此刻，正是下午兩點半，約定的時間到了。可是，生蠔魚缸旁卻沒有人。科南緊盯着魚缸裏面，一隻隻生蠔安安靜靜地呆着，只有一隻小小的寄居蟹急匆匆地在鋪滿卵石的箱底打橫爬過。科南很失望，他無奈地歎了口氣。

「科南，看，這是什麼！」露露激動地大叫起來。原來，科南呼出的熱氣在玻璃上蒙了一層霧，霧中突然出現了一些圖畫字，

「這是隱形圖畫密語啊！」

他倆連忙上下左右地對着魚缸的玻璃呼氣，然後坐下來打量着自己的傑作。

「真倒霉。我們被發現了。」科南看完後沮喪地說。

小偵探學堂

隱形圖畫密語

科南和露露發現了玻璃上的秘密信息。其實，你在家中也可以試在玻璃上留下秘密信息呢！

當你洗完澡後，可以用手指在蒙着霧氣的浴室鏡子上或玻璃窗上寫一段話或圖畫。待霧氣消散後，你會發現文字消失了。不過，當有人洗澡時，鏡子或玻璃上的字跡就會重現。以下是一些記密方法：

1. 寫圖畫密語時，你要先想想看是不是能用一幅圖代表某個字。例如：「看見」畫成　。
2. 用數字代替字。例如：用「4」表示「是」，用「5」表示「我」。
3. 你還可以用偏旁部首和圖畫合成一個字。例如：「跟」用「艮」表示。你能看懂魚缸上的圖畫密語嗎？（答案見第 86 頁。）

恐嚇信

這時，露露和科南聽見水族館的禮品店裏傳來一陣尖叫聲，他們急忙跑了過去。

「我的戒指！我的鑽戒——不見了！」

只見售貨員娜塔莉正站在禮品店的櫃台旁放聲大哭，身邊圍着幾名保安。

露露擠進去，問道：「發生什麼事了？」

「我正在包一件禮品，忽然伸過來一雙毛茸茸的黑爪子，抓住我的手腕，塞給我一張紙。」娜塔莉抽泣着說，「我低頭看上面寫的是什麼，誰知卻是張白紙。這時我才發現我的鑽戒不見了。」說完，她又嗚嗚地哭起來。

露露舉起那張紙，靠近一個亮着的電燈泡，想尋找線索，「我覺得這裏一定有線索。」果然，紙上開始顯現出字跡來了。

你們離我遠點。
已經出獄了，那些寶貝
很快就要歸我啦。如果
你們離開，我就歸還戒
指，否則別怪我不客氣。
里安納度

小偵探學堂

隱形墨水

里安納度的字條是用隱形墨水寫的。製作隱形墨水的辦法很多，其實不需要什麼特殊的化學原料，只要走進廚房，打開雪櫃就行了。

你需要：

- 1 個檸檬、馬鈴薯或蘋果
- 1 根牙籤、棉籤或畫筆，當寫字工具
- 1 張紙
- 1 個碗

步驟：

1. 製作檸檬墨水：先把檸檬汁擠進碗裏。把寫字工具在檸檬汁裏蘸一下，然後在紙上寫下秘密信息，待檸檬汁完全乾透。要使字跡重現，只要把紙靠近溫度高的燈泡或散熱器就行了。

2. 製作馬鈴薯墨水：先把生馬鈴薯切成兩半，用勺子把中間挖空，裏面會存一些馬鈴薯汁。把寫字工具在馬鈴薯汁裏蘸一下，然後在紙上寫下秘密信息，待馬鈴薯汁完全乾透。要使字跡重現，只要請大人用稍熱的熨斗在紙上熨一下就行了。
3. 製作蘋果墨水：先用牙籤插一小塊蘋果，然後用蘋果在紙上寫下秘密信息，待蘋果汁完全乾透。要使字跡重現，只要請大人用稍熱的熨斗在紙上熨一下就行了。

咕咕語對話

科南把鼻子貼在地上，聞到了里安納度的氣味。他順着地板一路聞過去，跟着氣味來到一間小屋前。屋門上寫着「儲物室」。只聽門裏邊傳來惱怒的說話聲。科南站起來，把耳朵貼近鑰匙孔，想聽聽裏面在說什麼。

「咕我咕已咕經咕忍咕無咕可咕忍咕了。」只聽有人咬牙切齒地說，「咕趕咕緊咕甩咕掉咕他咕們。」

「可是，里安納度，那些寶貝安全得很。」另一把聲音說，「我把它們藏在……」

藏在哪兒？藏在哪兒？科南往門上貼緊一些，再貼緊一些，想聽個清楚。突然，「砰」的一聲，門一下子開了，科南摔了個

大筋斗，一頭栽進了掃帚、拖把堆裏。

科南的腦袋卡在一個鐵桶中，眼前一片漆黑，「咕嗨！」他掙扎着把頭拔出來，只見眼前不是別人，正是里安納度和剛普。

小偵探學堂

咕咕密語

里安納度對剛普說的是咕咕密語。你能找出當中的解碼規則嗎？

只要在每個字前面加上「咕」這個字。例如：「照相機」說成「咕照咕相咕機」，「藏」說成「咕藏」，「藏照相機」說成「咕藏咕照咕相咕機」。

小偵探們，你知道里安納度對剛普說了什麼嗎？（答案見第 87 頁。）

八爪魚報信

「科南去哪兒了？」露露越等越心急。她在水族館裏跑來跑去尋找科南。渾身長刺的圓鰭魚、硬邦邦的海星、裙褶飄飄的海葵——從她身邊掠過。她又氣喘吁吁地跑過一個昏暗的魚缸，裏面有一隻外形兇惡的鎚頭鯊。

忽然，傳來一陣「咚咚咚」的聲音。露露吃了一驚，猛地轉回身。只見那隻黏糊糊、鬼鬼祟祟的八爪魚正在敲打魚缸的玻璃。是在叫她嗎？

露露看着八爪魚的觸手在幽藍的水中不停地彎曲、搖擺、扭動。這是手語！

只見那八爪魚同時揮舞着八隻帶吸盤的觸手，露露一時眼花繚亂，不知先看哪隻好，她心想：「我真該上手語速成班了。」

不過，稍稍集中精神後，她終於解讀懂這樣一條信息：

Lu, they've got Clancy. It's up to you to save your friend and the fortune. I'll keep an eye out for the con. （露露，他們把科南抓住了。現在要靠你去救科南和找出那些珠寶了。我會密切注意對方的動靜。）

小偵探學堂

英文手語

八爪魚利用了聽障人士使用的一種英文手語跟露露溝通，每個英文字母都有特定的手勢。只要稍加練習，你也能學會用手說話。

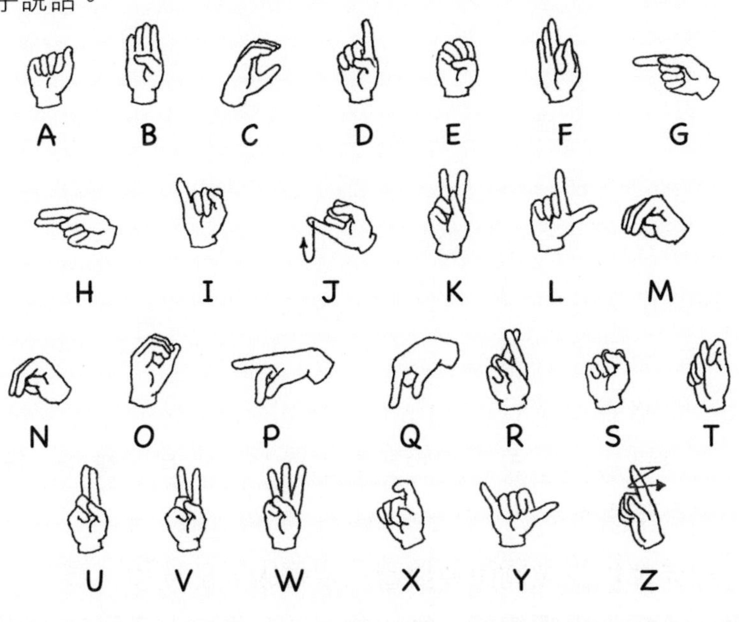

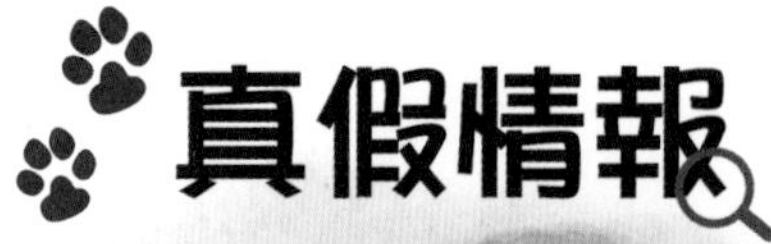

真假情報

此刻，在儲物室裏，里安納度黑黢黢的身影正向着科南逼近。

他惡狠狠地一甩尾巴，命令道：「寫！讓你那小豆丁同夥離我們遠遠的。告訴她珠寶藏在基蒂運河河底，讓她一小時後在那兒和你見面。」

科南很不情願地拿起筆來，照里安納度的吩咐把信寫了。不過，他趁里安納度不注意，拿筆在里安納度的牛奶碟裏蘸了一下，然後飛快地在寫好的信上又寫下了一段看不見的秘密信息：「別上當，留在附近。珠寶一定藏在水族館裏。科南。」

「把信給我。」里安納度從科南手上一把奪過信，「走吧，剛普。把信送出去。」

小偵探學堂

牛奶密信

科南用牛奶給露露留下了秘密信息。他的秘密信息寫在兩行字中間的空白處。如果想更保密，不讓任何人看到，你可以像科南那樣先把信紙旋轉 90 度。

你需要：

- 少量牛奶
- 1 隻碟子
- 1 根牙籤
- 一張白紙
- 少量粉筆或咖啡粉等粉末

步驟：

1. 往碟子裏倒一點兒牛奶。
2. 用牙籤蘸牛奶，在紙上寫下你的秘密信息。
3. 為了使你的秘密信息難以辨認，你可以把紙旋轉 90 度後再寫，然後待文字乾透。

親愛的露露：

我已經發現藏寶地點，就在基蒂運河河底。你一小時後到那裏和我見面。

別上當，留在
附近。珠寶一
定藏在水族館
裏。
科南

4. 用少量粉筆或咖啡粉等粉末輕輕塗在秘密信息上，字跡就顯現出來了。

怪聲英語

科南被單獨留在堆滿雜物的儲物室裏。真的只剩他自己了？地板上忽然傳來一陣「窸窸窣窣」的聲音，嚇得科南跳了起來。他瞥見牆角有一個高大的黑影，不禁縮了縮脖子，心怦怦直跳。

他一邊吹口哨為自己壯膽，一邊找來一根蠟燭和幾根火柴。燭光亮起來，原來，那些可怕的黑影不過是拖把、掃帚而已。「這樣就好多啦。」他心想。

科南看見牆上的衣架上掛着一件工作服，上面寫着「剛普」兩個字。他心想：「原來剛普是水族館的工作人員。這麼多年來，他一直躲在這裏。」

工作服旁有一排架子，架子上擺着盛魚糧的瓶瓶罐罐。其中一個瓶子上寫着「Jum-e-wow-e-lob Hub-e-i-sis-tub」。他把瓶子拿下來，打開，發現裏面不是魚糧，而是一張字條。「嗯，這是什麼？」科南把字條抽出來，只見上面寫着：

Tub-wow-e-lob-vum-e o'cab-lob-o-cab-kut,
A-tub tub-hub-e lob-o-a-dad-i-non-glug dad-o-cab-kut,
Sis-o bab-rub-i-non-glug a tub-rub-u-cab-kut,
Wow-e'lob-lob bab-e i-non lob-u-cab-kut.

Lob-e-o

小偵探學堂

怪聲英語

科南終於解讀瓶子和字條上的怪字了。那是怪聲英語，以下就是當中的語言規則：

怪聲英語每個字母的發音都很怪，和我們學的英語發音不同。要用怪聲英語說話或寫字，就要用新的發音方法來拼讀或拼寫。例如：「fish」要變成「fob-i-sis-hub」。

A — a	H — hub	O — o	V — vum
B — bab	I — i	P — pop	W — wow
C — cab	J — jum	Q — quip	X — x
D — dad	K — kut	R — rub	Y — yak
E — e	L — lob	S — sis	Z — zip
F — fob	M — mum	T — tub	
G — glug	N — non	U — u	

小偵探們，你能讀懂瓶子上的標籤和瓶子裏的字條嗎？
（答案見第 87 頁。）

被困密室

露露在哪兒呢？科南被關在儲物室裏，難受極了！「我一定要出去！」科南想。他得再給露露寫一張字條。一定要出去！他得鎮定下來。於是他深深吸了一口氣，打算再寫一張字條。

他小心翼翼地把蠟燭周圍熔化的蠟刮下來，捏成筆的形狀，然後在紙上寫道：

「里安納度和剛普正計劃今晚把珠寶運出水族館。科南。另：救我出去！」

科南把這張表面上看上去像白紙一樣的字條從門縫底下塞出

去，希望在剛普回來之前有人能發現它。他好像聽見外面有人經過，邊走邊發出「吱吱」的吸吮聲。

小偵探學堂

蠟字密信

科南用蠟寫了一封信，你也可以試試動手製作呢。

你需要：

- 1 根帶尖頭的白蠟燭
- 1 把剪刀
- 少量咖啡粉等粉末
- 1 張白紙

步驟：

1. 齊蠟燭頭剪掉燭芯。
2. 用白蠟燭的尖頭在紙上寫下秘密信息。
3. 把少量咖啡粉等粉末撒在紙上，字跡就顯現出來了。

工作服上的秘密

科南心急如焚。露露在哪兒？她一定是沒收到他的秘密信息，否則早就來救他了。

蠟燭就快燒完了，不一會兒他眼前又會再一片漆黑了。科南心裏急得發慌：一定要把秘密信息送出去！一定會有人來幫他的。

於是，科南在鐵桶上敲「SOS」信號，沒有人來救他；然後，他在門後揮舞拖把，希望有人經過門上的窗口能看見，但仍沒人看見；他大聲喊救命，回應他的只有海獅的叫聲。

不過，偵探狗是不會輕易放棄的。科南抓起了一袋麪粉和剛普的工作服。他剛在衣服上做完手腳，剛普就開門進來了。

「把它給我！」剛普惡狠狠地吼道，然後笨手笨腳地穿上工作服，又出去了。

下午，剛普正在墨魚缸裏投放食糧的時候，忽然有一隻壞脾氣的墨魚朝他背上噴了一攤墨汁。

八爪魚正好看到了。那是什麼？只見剛普的工作服上出現了幾行字。八爪魚游近玻璃，看了個清楚。

「我在儲物室。救我！！科南。」

小偵探學堂

麪粉密信

科南用麪粉和水在剛普的工作服背後留下了秘密信息。當墨魚把墨汁噴在上面，字跡馬上就顯現了出來。小偵探們，你也可以用同樣的方法，把你自己的秘密符號寫在T恤上。記得用T恤之前要徵得大人的同意。

你需要：

- 250克麪粉
- 150毫升水
- 1枝畫筆
- 1個熨斗
- 1份報紙
- 乾淨的T恤
- 1支不褪色顏料
- 1枝粉筆
- 1塊乾淨的洗碗布或毛巾
- 1個空的塑膠尖嘴瓶

步驟：

1. 把麪粉裝進塑膠尖嘴瓶，加水，蓋上瓶蓋，搖勻。
2. 把報紙鋪在桌子上。把T恤平放在報紙上，撫平皺褶。要把它完全拉平。
3. 用粉筆在T恤上畫一個圖案或寫一句口號。再畫一個圓圈，把圖案或口號圈起來。
4. 拿起尖嘴瓶，沿着粉筆畫出的線條噴上濕麪粉。
5. 待圖案完全晾乾後，用顏料把圓圈塗滿。
6. 去掉乾麪粉，就能看到你的圖案或口號了。要固定顏料，可以拿一塊乾淨的毛巾蓋在圖案上，再請大人用熨斗熨一下。

通風報信

露露朝基蒂運河河底張望，卻看不見珠寶。她又看看四周，也不見科南的蹤影。露露這才發覺自己上當受騙了。「都怪我看字條不夠仔細。」她一邊責怪自己，一邊急匆匆地跑回水族館。

露露徑直朝八爪魚那兒跑去。她那八爪朋友舉起一隻觸手放在嘴邊，示意她不要出聲。

露露做了一個打電話的手勢。這是暗號，意思是「你有情報給我嗎？」

八爪魚點點頭，意思是「有」，然後用觸手做了一個掃地的動作。

「掃帚？」露露問道。她環顧四周，看見了儲物室。八爪魚又點點頭。

露露舉起手，做了一個照相的動作，意思是「我明白了」。八爪魚對她做了個豎大拇指的動作，意思是「去吧」。

小偵探學堂

身體語言

露露和八爪魚不必說話，用眼睛和手勢就能交談。你和朋友們也可以發明自己的秘密信號和手勢。下面的例子可以給你一些啟發。

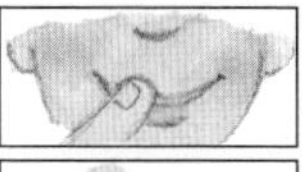
把食指放在嘴唇上，表示「不要說話」。

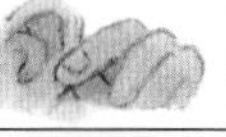
拉一拉左耳，表示「小心，周圍有間諜」。

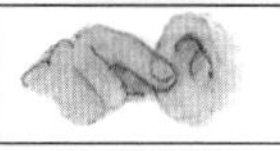
拉一拉右耳，表示「我有情報給你」。

手托下巴，表示「等天黑再行動」。

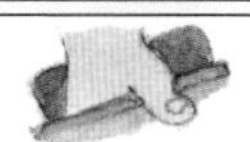
手放在衣袋裏，表示「抄近路」。

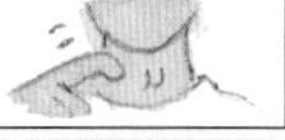
撓撓脖子，表示「裝作沒事一樣」。

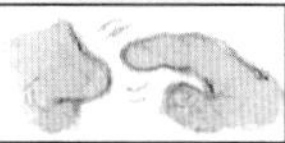
用手指點鼻子，表示「往身後看」。

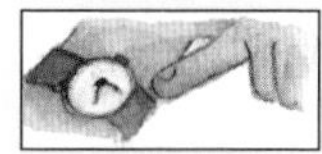
指指手錶，表示「五分鐘後和我見面」。

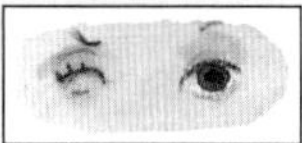
眨眨右眼，表示「下課後再見」。

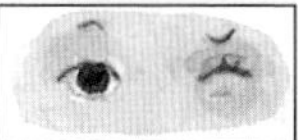
眨眨左眼，表示「危險已過」。

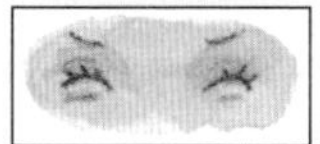
眨眨雙眼，表示「放棄行動，撤退」。

拯救好拍檔

科南聽到鑰匙開鎖的聲音。他的心一沉，「一定是那兩個壞蛋回來了。」他小聲嘟囔了一句，拿鐵桶放在頭上。

「科南，你在哪兒？」是露露的聲音！

「咣噹」一聲，科南把鐵桶扔在地上，高興得轉了好幾個圈。自由的感覺太好啦！他歡快地叫着，奔向露露。「跟我來。」科南一邊喊，一邊衝了出去，穿過水族館，朝裝貨場跑去。

小偵探學堂

i語言

剛普和里安納度說的是隱秘的 i 語言，規則如下：

1. 先用普通話說出一個字或一個詞的第一個字。例如：「星期一」，先說「星」，然後重複這個字，但是要把這個字拼音中的韻母改成「i」，說成「星希」。接着，再說第二個字，重複時把韻母也改成「i」，就是「期期」。如此類推，合起來就是「星希期期一一」。

一陣涼風吹過，烏雲遮住了月亮，周圍一片寂靜。這時，露露和科南聽到遠處傳來大卡車的「隆隆」聲。刺眼的車頭燈掃過停車場，他倆趕緊躲起來。科南聽到卡車門開了，只見剛普從司機座上跳了下來。

他對等在裝貨場上的里安納度喊道：「老力闆必，科卡南泥逃梯跑披了力。」

只聽那隻黑貓怒氣沖沖地吼道：「你你這隻個嘎蠢吃材擦。」

2. 如果一個字的拼音是以聲母「g」、「k」、「h」、「f」和「w」開頭的，在重複時要將韻母改成「a」。例如：「給我」要變成「給嘎我瓦」。
3. 如果一個字的拼音只有韻母，只要再重複一遍該字就行了。如「案」説成「案案」。

小偵探們，你能破解剛普和里安納度的對話嗎？

（答案見第 87 頁。）

意料之外

露露和科南躡手躡腳地跟着里安納度和剛普走過水族館裏一座座魚缸，魚缸裏閃着陰暗的光，魚兒們都游過來，注視着這一對在跟蹤着竊賊的朋友。

「科南，我看不見他們。」露露悄聲說，「他們不見了。」

「我們需要援兵。」科南說，「我去給多博曼警探打電話。你留在這兒等我。」

露露緊貼着一座魚缸，盡量不引起壞人注意。突然，她驚跳起來，還好忍住了沒叫出聲來。「噢，救命啊！」她心裏暗暗叫苦。不知什麼東西落在她背上了！

她嚇得不敢轉身，只是用眼角瞥了一眼。原來是一隻觸手。是八爪魚在給她傳遞信號嗎？她感覺到那隻濕漉漉的觸手正在她背上寫字。這時，科南回來了。

「喂，科南，我們的朋友有情報。」露露慢慢地把字說出來，「生蠔。」

「對了！」科南說，「生蠔！快來，露露。多博曼警探一會兒就到。」

小偵探學堂

在背上寫字

八爪魚把情報寫在露露背上。你自己也可以和朋友試一試，看誰猜對的字較多。

比較短的信息，像「是」、「不是」、「可能是」，只要在朋友背上敲幾下就行了，例如：

敲一下表示「是」。

敲兩下表示「不是」。

敲三下表示「可能是」。

露露和科南飛快地向生蠔魚缸跑去，悄悄地與趕到的多博曼警探會合了。他們看到里安納度和剛普鬼鬼祟祟地把生蠔一個個從魚缸裏撈出來，扔進一個大麻袋裏。

這時，三名打擊犯罪的正義朋友排成一隊，攔住竊賊的去路。

「薄餅已經着陸。」科南說着，給里安納度戴上手銬。

「月亮正藍。」露露把剛普扭翻在地。

多博曼警探用對講機向警察局長報告：「局長，能聽清楚嗎？」

「十──四，多博曼。請講話。」

「我們這兒有兩個爛蘋果。我正把它們摘下來打包。」

「薄餅？藍月亮？什麼意思？」剛普小聲咕噥着。

「閉嘴吧，我們完蛋了。」里安納度呵斥道。

熟人間的暗語

「薄餅已經着陸」和「月亮正藍」——科南和露露説的是只有他們自己才懂的暗語。而多博曼警探説的則是警察之間的暗語。你和你的朋友也可以用別人聽不懂的話交談。只要編一些詞和短語，表示特別的意思就行。例如：

「我正在做作業」可以表示「我正在看電視」。

「課堂上見」可以表示「在商場見面」。

「帶一本字典來」可以表示「把你的電子遊戲機帶來」。

「我們洗衣服去」可以表示「我們出去逛逛」。

「我正在攪雞肉」可以表示「我正在吃炒蛋」。

「我正在削胡蘿蔔皮」可以表示「我正在吃餅乾」。

「我要去商店」可以表示「我們在公園見面」。

「我正在撿樹葉」可以表示「我們去看電影」。

成功破案

看着一麻袋的生蠔，多博曼警探憂心忡忡地說：「如果找不到珠寶，就無法關押這兩個傢伙。」

「嗨，珠寶就在我們眼皮底下。」科南說着，往麻袋裏張望了一下，看到麻袋底部有一瓶生蠔食糧。他取出生蠔食糧，目不轉睛地盯着瓶子上的使用說明。

「蛋讓蛋生蛋蠔蛋大蛋大蛋地蛋張蛋開蛋殼：蛋裏蛋面蛋的蛋東蛋西蛋會蛋讓蛋你蛋大蛋吃蛋一蛋驚。」

「啊哈！」科南叫道，「這是蛋語。」他知道該怎麼做了。

科南把麻袋中的生蠔和生蠔食糧全部倒進魚缸裏。食物一漂來，生蠔便張開了殼。一眨眼工夫，魚缸就變成了珠光閃閃的珠寶箱。一隻隻生蠔裏都藏着偷來的珠寶。其中一隻更藏着娜塔莉的鑽石戒指。

「露露，科南，做得好！」多博曼警探稱讚道，「你們又一次漂亮地完成了任務。」

「只不過是有決心，堅持不懈而已。」科南故作謙虛地說。

「我們可不想砸了偵探狗公司的招牌。」露露咯咯地笑着說。

小偵探學堂

蛋語

生蠔食糧瓶子上的使用說明是用隱秘的蛋語寫成的。蛋語很簡單，只需在每個字前面加一個「蛋」字便行了。例如：「露露」變成「蛋露蛋露」，「科南」變成「蛋科蛋南」。

小偵探們，你能讀懂生蠔食糧瓶子上的使用說明嗎？（答案見第 87 頁。）

答案

小偵探們，以下是案件中各種密語的答案，你答對了多少呢？

第 50 頁 ~ 51 頁

黑貓說的是：「紅寶石、鑽石、珍珠。」

第 52 頁 ~ 53 頁

科南說的是：「密語對偵探也很有用。」

第 56 頁 ~ 57 頁

露露說的是：「我們最好馬上行動。」

第 58 頁 ~ 59 頁

里安納度說的是：「見面時間是兩點半。地點在濕濕的動物園。」

第 60 頁 ~ 61 頁

圖畫字寫的是：「我看見兩隻狗在跟蹤我們。」

第 64 頁 ~ 65 頁

里安納度對剛普說的是：「我已經忍無可忍了。趕緊甩掉他們。」

第 70 頁 ~ 71 頁

瓶子的標籤上寫的是：「Jewel Heist （偷來的珠寶）」
瓶子裏的字條上寫的是：「Twelve o'clock, at the loading dock, so bring a truck. We'll be in luck. Leo（12 點，在裝貨場，開卡車來。大吉大利。里安納度 ）」

第 78 頁 ~ 79 頁

剛普說的是：「老闆，科南逃跑了。」里安納度答道：「你這個蠢材。」

第 84 頁 ~ 85 頁

生蠔食糧的說明書上寫着：「讓生蠔大大地張開殼：裏面的東西會讓你大吃一驚。」

密語技能掌握情況記錄表

小偵探們，「鬥智水族館」已經成功偵破了，在這個案例中我們主要學習了做一名偵探需要掌握的多種密語技能。你對案件中提到的各種密語技能，掌握得怎樣呢？請對照下表，在對應的（）裏加✓，給自己評評分吧。

密語技能	你掌握這項技能的情況		
熱哈密語	很糟糕（ ）	一般（ ）	非常好（ ）
豬拉丁密語	很糟糕（ ）	一般（ ）	非常好（ ）
隱形信件	很糟糕（ ）	一般（ ）	非常好（ ）
反向密語	很糟糕（ ）	一般（ ）	非常好（ ）
咔嗒密語	很糟糕（ ）	一般（ ）	非常好（ ）
隱形圖畫密語	很糟糕（ ）	一般（ ）	非常好（ ）
隱形墨水	很糟糕（ ）	一般（ ）	非常好（ ）
咕咕密語	很糟糕（ ）	一般（ ）	非常好（ ）
英文手語	很糟糕（ ）	一般（ ）	非常好（ ）
牛奶密信	很糟糕（ ）	一般（ ）	非常好（ ）
怪聲英語	很糟糕（ ）	一般（ ）	非常好（ ）
蠟字密信	很糟糕（ ）	一般（ ）	非常好（ ）
麪粉密信	很糟糕（ ）	一般（ ）	非常好（ ）
身體語言	很糟糕（ ）	一般（ ）	非常好（ ）
i 語言	很糟糕（ ）	一般（ ）	非常好（ ）
在背上寫字	很糟糕（ ）	一般（ ）	非常好（ ）
熟人間的暗語	很糟糕（ ）	一般（ ）	非常好（ ）
蛋語	很糟糕（ ）	一般（ ）	非常好（ ）

露露與科南
無敵偵探狗

這本書介紹了各種不同類型的密碼，各位小偵探，你跟朋友們又會有什麼秘密的方法來溝通呢？快來一起動動腦，設計一套獨特的密碼吧！請試試在下面空白的位置上寫下你的密碼語言規則，然後告訴你的伙伴，這樣大家就可以用你們獨特的密碼傳遞秘密信息了。

無敵偵探狗 3
菲菲失蹤案

作　　者：路易絲・迪克森 (Louise Dickson)
　　　　　阿德里安娜・梅森 (Adrienne Mason)
繪　　圖：派特・庫普勒斯 (Pat Cupples)
譯　　者：張韶寧
責任編輯：胡頌茵
設計製作：鄭雅玲
出　　版：新雅文化事業有限公司
　　　　　香港英皇道 499 號北角工業大廈 18 樓
　　　　　電話：(852) 2138 7998
　　　　　傳真：(852) 2597 4003
　　　　　網址：http://www.sunya.com.hk
　　　　　電郵：marketing@sunya.com.hk
發　　行：香港聯合書刊物流有限公司
　　　　　香港新界大埔汀麗路 36 號中華商務印刷大廈 3 字樓
　　　　　電話：(852) 2150 2100
　　　　　傳真：(852) 2407 3062
　　　　　電郵：info@suplogistics.com.hk
印　　刷：中華商務彩色印刷有限公司
　　　　　香港新界大埔汀麗路 36 號
版　　次：二〇二〇年八月初版

ISBN: 978-962-08-7565-6

18/F, North Point Industrial Building, 499 King's Road, Hong Kong
Published in Hong Kong
Printed in China